Johannes Schmitz

Die Glaziale Serie und die Isostasie in Südschweden

Die Glaziale Serie und die Isostasie in Südschweden

Bibliografische Information der Deutschen Nationalbibliothek:

Bibliografische Information der Deutschen Nationalbibliothek: Die Deutsche Bibliothek verzeichnet diese Publikation in der Deutschen Nationalbibliografie; detaillierte bibliografische Daten sind im Internet über http://dnb.d-nb.de/ abrufbar.

Copyright © 2016 Diplomica Verlag GmbH
Druck und Bindung: Books on Demand GmbH, Norderstedt Germany
ISBN: 9783961166701

http://www.diplom.de/ ...d-die-isostasie-in-sued-schweden

Johannes Schmitz

Die Glaziale Serie und die Isostasie in Südschweden

Inhaltsverzeichnis

1. Einleitung

Die vorliegende Hausarbeit behandelt das Thema der Isostasie. Um das Thema umgreifend zu erfassen, wird zunächst erläutert, wie die Gletscher entstanden und welche Gletschertypen in dem Untersuchungsgebiet dieser Hausarbeit - welches identisch mit dem Exkursionsgebiet der Auslandsexkursion ist - vorliegen. Im Anschluss wird der Aufbau der glazialen Serie erläutert, die den Aufbau der (abschmelzenden) Gletscher wiedergibt.

Danach wird das Hauptthema der Arbeit aufgegriffen – die isostatische Hebung Skandinaviens. Im weiteren Verlauf der Hausarbeit wird die Eustasie erklärt, die einen Zusammenhang mit der Thematik der Isostasie aufweist, was im darauffolgenden Kapitel erläutert wird. In dem genannten Kapitel wird das langsame Abschmelzen des Eises über Skandinavien in seinen verschiedenen Stadien erläutert, welches Konsequenzen sowohl für die Isostasie, als auch für die Eustasie hatte.

Im sechsten Kapitel wird die Isostasie in den aktuellen Forschungsstand auf diesem Gebiet eingebettet. Hierzu werden vier Forschungsarbeiten von Nils-Axel Mörner aufgegriffen, dessen Biografie ebenfalls in diesem Kapitel niedergeschrieben ist, die verschiedene Bereiche des Oberthemas abdecken. Hierzu zählen das Zwischenstadium vom Baltischen Eisstausee zum Yoldia-Meer, der Kattegat als Forschungsgebiet für unterschiedliche Faktoren, die Isostasie im Zusammenhang mit Krustenbewegungen in Fennoskandinavien sowie die Isostasie als regionales Phänomen.

Die Hausarbeit soll einen möglichst ausführlichen und umfangreichen Überblick über die vorliegende Thematik geben, sodass erst zum Ende der Hausarbeit konkreter auf die Isostasie (innerhalb der Forschung) eingegangen wird.

Da diese Thematik keinerlei subjektiven Fakten unterworfen ist, sondern lediglich aus Forschungs- und Beobachtungsergebnissen resultiert, wird auf ein Fazit am Ende der Arbeit verzichtet.

2. Die Gletscherentstehung

Als Gletscher werden Eismassen bezeichnet, die aus festem Niederschlag entstanden sind und hangabwärts und talauswärts fließen. Durch die Ablation, die geringer ist, als die Summe des gefallenen Niederschlages, bildet sich eine Schneedecke, die vielfältigen Umwandlungsprozessen (Metamorphosen) unterliegt. Durch die Auflast von Neuschnee - welcher ein hohes Porenvolumen besitzt - Temperaturwechsel um den Gefrierpunkt und einsickerndes Schmelzwasser sinkt das Porenvolumen der Altschneedecke auf bis zu 50 Prozent. Aufgrund dieser Gegebenheiten werden Schneekörner in der Altschneedecke ausgebildet, die an ihren Berührungspunkten Verbindungen ausbilden und somit eine stabile Altschneeschichtdecke vorliegt. Nach wiederkehrendem Auftauen und Gefrieren der Schneekristalle bilden sich nach einer Ablationsperiode graupelartige und körnige Gebilde, sogenanntes Firn (Vgl. Zepp 2014, S. 188).

Allgemein lässt sich der Gletscher in zwei Gebiete einteilen: Das Nähr- und das Zehrgebiet. Im Nährgebiet überwiegt der Gletscheraufbau durch Schneefall, Firn und Eisbildung, gegenüber der Ablation. Im Zehrgebiet hingegen überwiegt die Ablation gegenüber der Akkumulation.

Gletscher entstehen nur dann, wenn oberhalb der klimatischen Schneegrenze[1] ausreichend große, schwach geneigte Flächen existieren, auf denen sich Schneeniederschlag akkumulieren und durch Metamorphose und Eisbildung zur Gletschereis werden kann (Vgl. Zepp 2014, S. 189).

3. Die Gletschertypen in Südschweden

Der Oberbegriff der Deckgletscher beschreibt eine geschlossene Eisdecke, welche die Höhen und Tiefen des Reliefs bedeckt. Zu diesem Oberbegriff zählen auch das Inlandeis sowie der Plateaugletscher, die in Südschweden vorzufinden waren. Das Inlandeis kann als mächtiger Eispanzer bezeichnet werden, welcher auch einzelne, aus der Erdoberfläche herausragende Gipfel (Nunatakker) beinhalten kann. Plateaugletscher bzw. Plateaueiskappen sind von geringer Eismächtigkeit und überdecken wellige Hochflächen, wobei ihre Ränder durch Gletscherzungen gekennzeichnet sind, die an Bergflanken hängen oder durch Täler abströmen (Vgl. Zepp 2014, S. 199).

---

[1] Die klimatische Schneegrenze bezeichnet die untere Höhengrenze, die dauerhaft die Erdoberfläche mit Schnee bedeckt. Die klimatische Schneegrenze orientiert sich an den Variablen der Höhe des in fester Form fallenden Niederschlags, der Lufttemperatur und den Strahlungsverhältnissen.

4. Der Aufbau der glazialen Serie

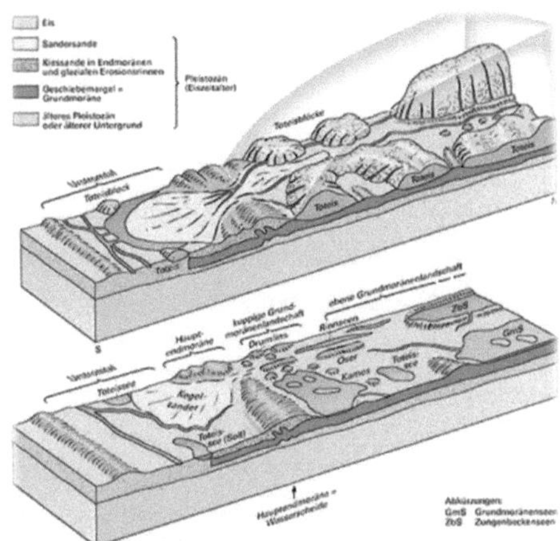

Abbildung 1: Glaziale Serie

Die Glaziale Serie ist eine Sammelbezeichnung für die idealtypische Anordnung und Abfolge glazialer und glazialfluvialer Formen und Sedimente in Landschaften, deren Relief in der Vergangenheit durch ehemalige Eisrandlagen geformt wurde. Der Begriff wurde von Albrecht Penck und Eduart Brückner geprägt.

Die Grundmoränenlandschaft ist jene, welche sich in der Nähe des Eisrandes befand und zumeist als kuppige Grundmoräne bezeichnet wird. Sölle[1], Drumlins[2], glazialfluviale Kames[3] und Oser[4] sowie Seen,
die sich in Schmelzwasserrinnen und Zungenbecken gebildet haben, sind hier vorzufinden. Die Grundmoränenlandschaft ist zumeist durch eine flache, leicht wellige bis kuppige Oberfläche gekennzeichnet, die auch eine Vielzahl von Seen miteinschließt. Das Material, welches der Gletscher im Eis mitgeführt hat, wurde durch das Ausschmelzen unter ihm abgelagert. Das vorliegende Korngrößenspektrum reicht von feinem Sediment (beispielweise Ton und Sand), über Kies bis hin zu großen Gesteinsblöcken (Findlinge).

---

[1] Durch das Schmelzen des Toteises sackt die darüberliegende Ablationsmoräne nach und es entstehen Sölle. Sölle sind meist annähernd kreisrund und trichterförmig, sie können aber auch unregelmäßig geformte Wannen oder Kessel sein.

[2] Drumlins kommen im Ablagerungsbereich von Gletschern vor. Drumlins sind stromlinienförmige Hügel, die aus Lockermaterial bestehen oder aus fluvialem Schotter von Schmelzwasserflüssen. Ihr Grundriss ist oval und in der Fließrichtung des Eises gestreckt.

[3] „Kames sind isolierte Schuttablagerungen unter stagnierendem Gletschereis, die nach Abschmelzen des Eises als Schutthügel im Gelände stehen." (Frank Ahnert 2009, S. 317)

[4] „Oser sind mit den Kames verwandt und erscheinen in der Landschaft als lange, oft gewundene Damme aus sortiertem, geschichtetem Sand und Kies." (Frank Ahnert 2009, S. 317)

Auf die Grundmoräne folgt die Endmoräne, die die Stillstandphase eines Gletschers kennzeichnet. Die Endmoräne beschreibt die Randlage des Gletschers, sodass sich, aus dem mitgeführten Material des Gletschers, Wälle anhäufen konnten. Dies ist jedoch auch durch das Aufschieben von Material durch den Gletscher zu erklären.

Darauf folgt der Sander, bei dem es sich um die Schmelzwassersedimente des Gletschers handelt. Das Schmelzwasser des Gletschers konnte große Mengen an Ton, Sand und Geröll fluvial transportieren, die sich hinter der Endmoräne, in der Nähe des Gletschervorlandes, ablagerten. Mit zunehmender Entfernung zur Endmoräne wird das fluviale Material, aufgrund seiner Schwere, immer feiner, sodass es nach seiner Korngröße abgelagert wurde. Im Alpenvorland spricht man nicht von Sandern bzw. Sanderflächen, sondern von Schotterfeldern.

Den Abschluss der glazialen Serie bildet das Urstromtal, in dem die vereinigten Schmelzwässer nach Westen abflossen. Im Alpenvorland sind Urstromtäler nicht auffindbar, da die Schmelzwässer in bereits existierende Täler nach Norden abflossen.

Die Sedimente sowie die Formen der glazialen Serie sind nur in den Jungmoränenlandschaften aus der Würm-Weichsel-Eiszeit[1] zu erkennen, da die Elemente der glazialen Serie der Altmoränenlandschaften durch eine periglaziale Überprägung meist nicht mehr identifizierbar sind (Vgl. Zepp 2014, S. 204 f.)

5. Die isostatische Hebung in Skandinavien

Die isostatische Hebung Skandinaviens, deren Nomenklatur auf den Physiker George Airy[5] (1885) zurückgeht, kann aufgrund ihrer großräumigen Senkung und anschließenden Hebung von Krustenteilen zum Oberbegriff der Epirogenese[6] zugeordnet werden und hat bereits nach der letzten Vereisung des Landes, der Weichsel-Kaltzeit, vor ca. 12.000 Jahren begonnen. Der Begriff der Isostasie wird auch verwendet, wenn durch einen Aufstieg von Magma aus der Asthenosphäre[7] (meistens in Verbindung mit vulkanischer Aktivität) eine Hebung der Kruste verursacht wird. Ebenso kann aufquellendes heißes Mantelmaterial die Unterkruste erhitzen, aufgrund dessen diese schmilzt und dünner wird, sodass aus diesen Dichteunterschieden ein isostatischer Auftrieb resultiert.

---

[5] Sir George Biddell Airy (*27.07.1801; † 02.01.1892), ein englischer Astronom und Mathematiker, leitstete bemerkenswerte Beiträge zur Astronomie, Optik und Himmelsmechanik.
[6] Die Epirogenese beschreibt die großräumige Hebung und Senkung von Krustenteilen.
[7] Die Asthenosphäre stellt den stellt die weichere Sphäre des oberen Erdmantels, welche die Lithosphäre unterlagert, dar.

Vertikale Krustenbewegungen können auch in Folge von Mineralumwandlungen im oberen Mantel und daran gekoppelte Volumenveränderungen ablaufen. Um die isostatische Hebung Skandinaviens von den oben genannten isostatischen Prozessen abzugrenzen, spricht man häufig von einer glazial-isostatischen Hebung bzw. der glazialen Isostasie, die im folgenden Abschnitt nähergehend erläutert wird (Vgl. Zepp 2014, Seite 42 f.).

Allgemein sind Vertikalbewegungen durch den zähplastischen Zustand der Asthenosphäre möglich. Das obere Mantelgestein ist eher viskos und wird durch die Wärmeabgabe des Erdinneren in Bewegung gehalten, sodass eine Bewegung von wenigen Zentimetern pro Jahr möglich ist. Zudem ist die Viskosität Voraussetzung dafür, dass Krustenschollen auch vertikale Bewegungen vollziehen können (Vgl. Fraedrich 1996, Seite 120).

In der letzten Eiszeit war Skandinavien vollständig von mächtigen Eisdecken überzogen, sodass es zur einer Absackung der Erdkruste aufgrund der hohen Auflast kam. Die größte Eismächtigkeit ließ sich dem bottnischen Meerbusen mit 2.500 Metern zuschreiben. Nach dem Abschmelzen des Eises vor ungefähr 10.000 Jahren kam es dazu, dass die Erdkruste Skandinaviens sich infolge der Entlastung hob. Dies geschieht fortlaufend jedes Jahr um bis zu 10 Millimeter (Vgl. Fraedrich 1996, Seite 119).

Diese glazial-isostatische Hebung stellt eine Ausgleichsbewegung dar, die bis zur Einstellung eines neuen Schwimmgleichgewichtes anhält. Dieses Schwimmgleichgewicht resultiert aus den unterschiedlichen Dichten der kontinentalen Kruste (2,85 g/cm^3) und der ozeanischen Kruste (3,31 g/cm^3). Dieses Schwimmgleichgewicht, auch Isostasie genannt, kann sich jedoch nur erschwert oder gar nicht einstellen, da eine hohe endogene sowie exogene Dynamik vorliegt (Vgl. Fraedrich 1996, Seite 121).

Gewöhnlich erstrecken sich epirogenetische Bewegungen über sehr lange Zeiträume, welche durch geodätische und geophysikalische Methoden erfassbar gemacht werden können (Vgl. Zepp 2014, S. 43).

5.1 Die Eustasie

Die südliche Nordsee war während der letzten Kaltzeit weder vergletschert noch von Wasser bedeckt. Somit lag der Meeresspiegel vor 20.000 Jahren, als das Inlandeis seine weiteste Ausdehnung zur Zeit des Brandenburger-Stadium erreicht hatte, weltweit etwa 130 Meter tiefer als heute. Im Holozän betrug der Meeresspiegel dann noch 36 Meter weniger als heute. Vor etwa 3.500 Jahren erreichte der Meeresspiegel in etwa seinen heutigen Pegel. Der Grund für den weltweiten Meeresspiegelanstieg waren die Millionen Kubikkilometer Inland- und Gebirgsgletschereis der Würm-Weichsel-Eiszeit, die mit der zunehmenden Globaltemperatur schmolzen und als Süßwasser den Meeren zugeführt wurden. Hierfür verwendet man auch den Begriff der Eustasie, der die gleichzeitige, weltweite und langfristig ablaufende Veränderungen des Meeresspiegelniveaus beschreibt (Vgl. Fraedrich 1996, Seite 122 ff.).

Weitere eustatische Meeresspiegelschwankungen sind anthropogenen Ursachen zuzuschreiben, wie beispielsweise dem Deichbau und der Aufschüttung von Wurten bzw. Warften. Eine weitere Besiedlung des Küstenraumes würde einen Meeresspiegelanstieg von lediglich wenigen Zentimetern bedeuten, der jedoch verheerende Folgen haben könnte (Vgl. Fraedrich 1996, Seite 125 f.).

5.2 Die Zusammenhänge von Eustasie und Isostasie

Da das Abschmelzen von Inlandeis den Meeresspiegelanstieg bewirkt und gleichzeitig die Auflast des Eises schmälert, liegt es nahe, dass die Prozesse der Isostasie und der Eustasie nicht unabhängig voneinander ablaufen (Vgl. Fraedrich 1996, Seite 127).

Etwa 2.000 Jahre nach der letzten Hauptvereisung kam es zu einem Rückzug des Inlandeises in Europa, sodass sich der Eisrand um circa 600 Kilometer zurückzog. Das Ergebnis war die Ansammlung von Schmelzwasser im südlichen Ostseebecken bzw. im baltischen Eisstausee. Aufgrund des Meeresspiegels, der 90 Meter tiefer lag als heute, war Schweden zu diesem Zeitpunkt im Süden noch mit dem Festland verbunden. Hier brachen große Eisschollen des Inlandeises ab und stürzten in den baltischen Stausee. So kam es zur Entstehung von unzähligen Eisbergen.

Der Wasserspiegel stieg so lange an, bis die schwedische Endmoräne und die Darßer Schwelle[1] erreicht waren (Vgl. Fraedrich 1996, Seite 128 f.).

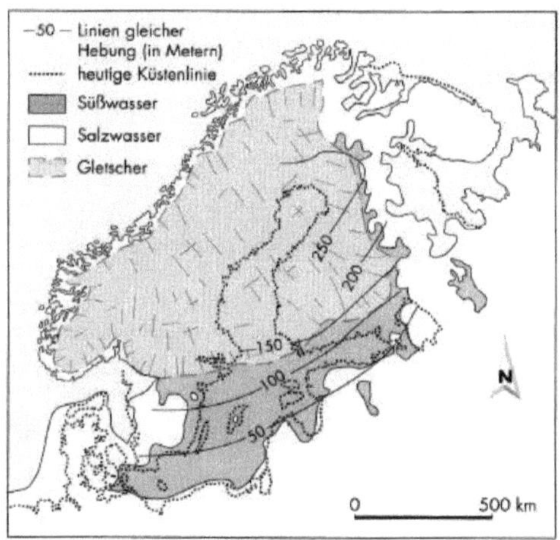

Abbildung 2: Baltischer Eisstausee

Vor etwa 10.000 Jahren schmolz das Eis noch weiter zurück, sodass es zwischen den heutigen schwedischen Seen Vänern[2] und Vättern[3] zur Ausbildung der Billinger Pforte[4] kam, die den baltischen Eisstausee mit dem Weltmeer verbanden. Daraus resultierte eine Anpassung des Wasserspiegels des baltischen Eisstausees an den Meeresspiegel. Die Muschel Yoldia arctica dokumentiert den Salzgehlat der Ostsee, da diese sehr salzliebend war, und gab der damaligen Ostsee den Namen Yoldia-Meer. Aufgrund des weiterhin niedrigen Meeresspiegels bestand immer noch eine Verbindung zwischen Dänemark und Südschweden (Vgl. Fraedrich 1996, Seite 129 f.).

---

[1] Die Darßer Schwelle ist eine flache Schwelle in der Ostsee, an der unter anderem Wasseraustausch mit der Nordsee stattfindet. Sie liegt zwischen der deutschen Halbinsel Fischland-Darß-Zingst und den dänischen Inseln Falster und Mon. Sie stellt die letzte Hürde für das Einfließen von Kattegatwasser in die Ostsee dar.
[2] Der See Vänern befindet sich in Südschweden zwischen den Provinzen Dalsland, Värmland und Västergötland und besitzt eine Fläche von über 5.500 km². Die Verbindung zum Meer in der letzten Eiszeit prägt heute noch seine Flora und seine Fauna.
[3] An dem See Vättern liegen die bekannten Städte Jönköping, Karlsborg und Motala. Er ist der zweitgrößte See Schwedens.
[4] Unter dem Rand des Gletschereises bildete sich zwischen dem Westrand des Vättern und dem südöstlichen Rand vom Vänern die Billinger Pforte, die den Abfluss der Seen in die Nordee ermöglichte. Ihren Namen trägt die Pforte aufgrund des nördlichen Ausläufers des südschwedischen Hügelzuges von Billingen.

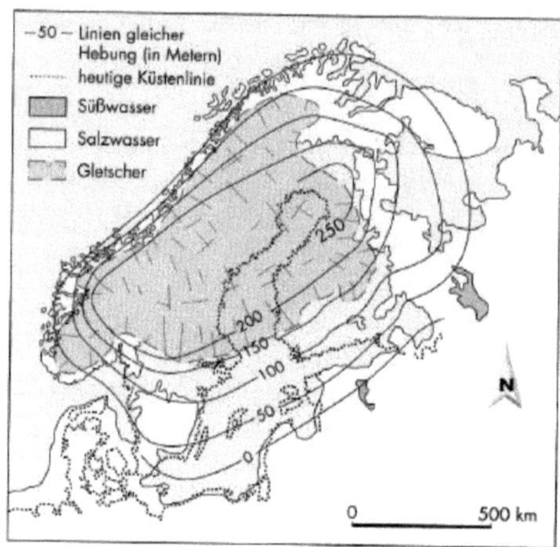

Abbildung 3: Yoldia-Meer

Aufgrund der isostatischen Hebung hatte sich Skandinavien bereits so weit gehoben, dass es den eustatischen Meeresspiegelanstieg „überholen" konnte, der nur verlangsamt ablief. Anlässlich der unterbrochenen Verbindung zwischen dem Weltmeer und dem Yolida-Meer setzte eine erneute Aussüßung der damaligen Ostsee ein, in der nun auch die Insel Gotland vorzufinden war. Das Fossil der Schnecke Ancylus fluvialis war namensgebend für den damals existierenden Ancylus-See, dessen Wasserspiegel um 13 Meter höher lag, als der des Weltmeeres (Vgl. Fraedrich 1996, Seite 130 f.).

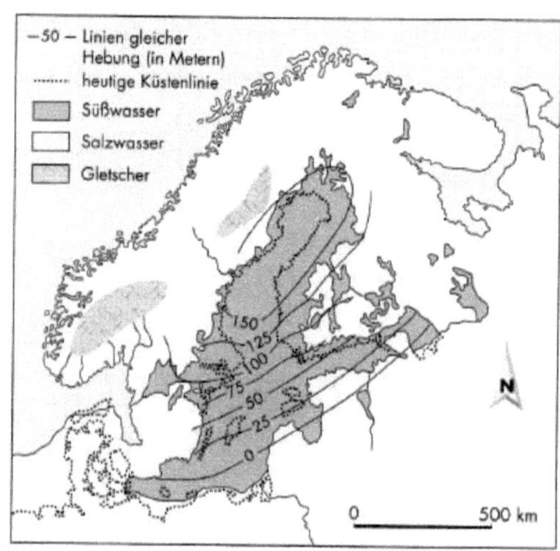

Abbildung 4: Ancylus-See

Die erneute Verbindung zum Weltmeer, die Anpassung des Wasserspiegels an den des Weltmeeres sowie das Erreichen der Draßer Schwelle des Ancylus-Sees lässt sich dem zunehmenden Abschmelzen des Inlandeises zuschreiben. Es setzte die Litorina-Transgression ein, die nach der Schnecke Littorina littorea benannt wurde, während wieder Salzwasser in die westliche Ostsee eindrang und den Osten Dänemarks zu einer Insellandschaft werden ließ. Eine besonders große Ausdehnung des Litorina-Meers fand man im Bereich des bottnischen Meeresbusens, welche größer ist als die heutige. Durch die anhaltende isostatische Hebung Skandinaviens kam es zur Verringerung der Fläche der Ostsee und dem schmaleren Zugang zum Weltmeer. Letzteres hat den geringeren Wasseraustausch zwischen den beiden Meeren zur Folge. Die zunehmende Menge an Süßwasser innerhalb der Ostsee, angesichts der mündenden Flüsse, führte zu einem abnehmenden Salzgehalt. Ein sogenannter brackischer Lebensraum, der ein marines Ökosystem zwischen Salz- und Süßwasser deklariert, konnte sich entwickeln und erklärt die Funde der Brackenwasserschnecke Limnea ovata, die dem Limnea-Meer seinen Namen gab, und der brackischen Sandmusche Mya arenaria, die namensgebend für das Mya-Meer war (Vgl. Fraedrich 1996, Seite 131 f.).

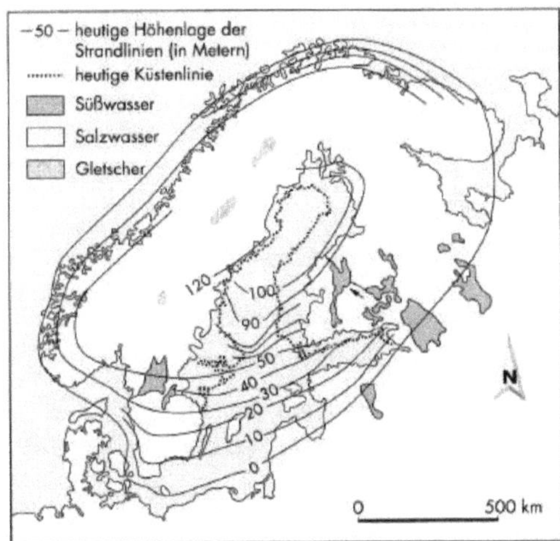

Abbildung 5: Litorina-Meer

6. Die Isostasie als Forschungsgegenstand

Die Isostasie ist seit vielen Jahren Forschungsgegenstand von Professor und Ozeanograph Nils-Axel Mörner, der Direktor der Paleogeophysikalischen und Geodynamischen Abteilung der Universität Stockholm. Des Weiteren war er von 1999 bis 2003 Präsident der INQUA Commission on Sea Level Changes and Coastal Evolution sowie Leiter des Meeresspiegel-Projektes der Malediven. Neben den unten aufgeführten Forschungsarbeiten und –Gegenständen publizierte Mörner in der Zeitschrift 21st Century Science and Technology im Winter 2010/2011 den umfangreichen und mit Tabellen ergänzten Beitrag „The Great Sea-Level Humbug – There is No Alarming Sea Level Rise". In diesem Zusammenhang hatte Mörner bereits 2007 das Buch „The Greatest Lie Ever Told" veröffentlicht. Aus seinen Publikationen ist zu entnehmen, dass er der These eines globalen Anstieges des Meeresspiegels sehr kritisch gegenüber steht, weshalb er auch dem Wissenschaftsrat der International Climate Science Coalition beitrat, der einen Zusammenschluss von klimaskeptischen Wissenschaftlern, Politikern, Ökonomen u.v.m. darstellt. Ebenso ist er der Fachbeirat des klimaskeptischen Vereins EIKE (Europäisches Institut für Klima und Energie) (Vgl. Weißer 2012, Seite 134 f.).

In den folgenden Kapiteln werden seine Untersuchungen zur Isostasie, Eustasie sowie weiteren Untersuchungen zum südschwedischen Raum während und nach der letzten Kaltzeit vorgestellt.

6.1 „ Der Übergang vom Baltischen Eisstausee zum Yoldia-Meer"

Der Übergang vom baltischen Eisstausee zum Yoldia-Meer wurde im Jahre 1995 von Nils Axel Mörner untersucht. Mörner behauptet, dass es ein weiteres Stadium zwischen dem Baltisches Eisstausee und dem Yoldia-Meer gibt, das 300 Jahre andauerte – von der Trockenlegung des Baltischen Eisstausees bis hin zur Ingression[1] des Salzwassers, welches das Stadium des Yoldia-Meeres einläutet. Daher sind die 300 Jahre, die zwischen den beiden angegeben Phasen liegen, schlichtweg nicht benannt. In dieser Zeitspanne konnte man eine typische Ancylus-Fauna an den Küsten der Inseln Gotland und Öland vorfinden (Vgl. Mörner 1995, Seite 95).

Mörner sieht große Probleme in der Nomenklatur dieses Stadiums, da der Begriff Yoldia weitreichend verwendet wird. Dies trifft insbesondere auf Finnland und Schweden zu, da dort der Begriff des Yoldia-Küstenniveaus („Yoldia shorelevel") häufig für das Stadium nach der Trockenlegung des Gebietes verwendet wird.

---

[1] Die Ingression beschreibt ein außerordentlich langsames Vordringen des Meeres (auf das Festland). Sie stellen das Gegenteil zur Transgression dar.

Im historischen Zusammenhang und um Verwirrung zu vermeiden, verbindet Mörner für das Stadium zwischen dem Baltischen Stausee und dem Yoldia-Meer die beiden Namen zu einem Neologismus[1] seinerseits: Dem Yoldia-See. Er weist auch darauf hin, dass eigentlich ein völlig anderer Name für dieses Stadium verwendet werden sollte, jedoch sieht er seine Nomenklatur dennoch als sinnvoll an, da in diesen 300 Jahren des Yoldia-Sees der Spiegel des eben genannten identisch mit dem des Meeres war, sodass kein Meereswasser einfließen konnte (Vgl. Mörner 1995, Seite 97).

Somit konnte durch Mörner ein neues Stadium in der klassischen, nacheiszeitlichen Entwicklung des Baltischen Beckens vermerkt und definiert werden (Vgl. Mörner 1995, Seite 98).

6.2 „Der Kattegat - Ein Forschungsgebiet für regionale Eustasie, Isostasie und Meeresströmungen"

Der Meeresarm Kattegat wurde 1991 als Testregion für die regionale Eustasie, Isostasie und ozeanische Zirkulation von Professor Nils-Axel Mörner betrachtet. Der Meeresarm befindet sich an der Grenze der glazial-isostatischen Hebung Fennoskandiaviens und der Absenkung des Nordseebeckens sowie der Ostsee und des Atlantischen Ozeans und war nach der letzten Eiszeit zeitweise vom Meer getrennt (Vgl. Mörner 1991, Seite 1).

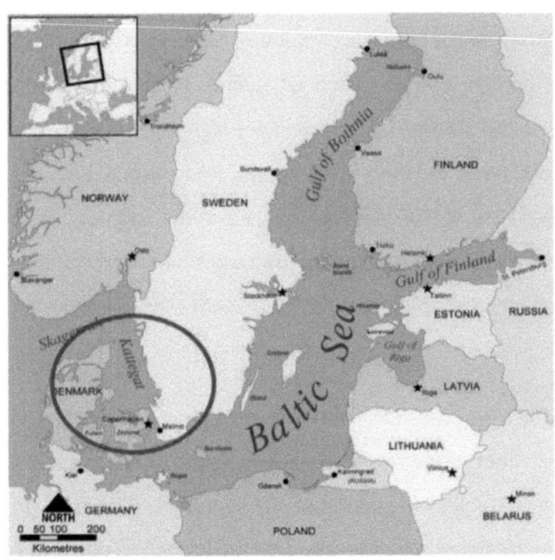

Abbildung 6: Kattegat (Lage)

---

[1] Unter dem Begriff des Neologismus ist eine Wortneuschöpfung zu verstehen.

Dies könnte die Erklärung für das empfindliche Wechselwirken der Eustasie sowie der Isostasie in dieser Region sein.

Aus diesem Anlass untersuchte Mörner 70 Küstenlinien des Kattegat. Die Küstenlinien, die erst gegen Ende der Eiszeit entstanden, wurden anhand der mit ihnen in Verbindung stehenden, nacheinander folgenden, jüngeren und synchronen Positionen des schwindenden Eisrandes zugeordnet. Die aus dem Holozän stammenden Küstenlinien, die durch ihre dazugehörigen geomorphologischen Besonderheiten gekennzeichnet sind, findet man auf der Erdoberfläche, da alle Küstenlinien während des Höchstwertes der eustatischen Schwankung entstanden sind. Dass einzelne Küstenlinien identifiziert sowie datiert sind und sich anhand von großflächigen Gebieten der Erdoberfläche nachvollziehen lassen, stellt die Grundlage für die Möglichkeit dar, die Komponenten der Isostasie und die der Eustasie voneinander zu trennen. Anhand der vielfachen Aufzeichnungen von Diskontinuitäten der Küstenlinien und der Küstenniveaus, können die eustatischen Schwankungen in einer Zeitskala von 50 bis 100 Jahren sowie die Amplituden in Dezimeter-Angaben angeführt werden (Vgl. Mörner 1991, Seite 2 ff.).

6.2.1 Die Isostasie

Die Form der isostatischen Hebung beschreibt die eines elliptischen Kegels, welcher im Zentrum eine Hebungszone von 830 Metern über N.N. hat. Somit ist die Theorie, dass die maximale Hebung der Isostasie lediglich 300 Meter betrug, laut Mörner wiederlegt. Zudem kann Mörners Theorie des Weiteren mithilfe geophysikalischer Modelle belegt werden. Darüber hinaus konnte bewiesen werden, dass die Hebung aus zwei unterschiedlichen Faktoren besteht und der eigentliche Faktor der glaziale Isostasie bereits seit 4.500 Jahren nicht mehr existiert. Das bereits bestehende Bild der glazialen Isostasie hat eine grundlegende Bedeutung für das Verständnis von rheologischen Prozessen und Eigenschaften der Asthenosphäre sowie der Lithosphäre. Im Zusammenhang mit den eustatischen Befunden können die Modelle des globalen Hebungsprozesses nicht die vorhandenen Beobachtungsdaten erklären (Vgl. Mörner 1991, Seite 6).

Die Untersuchung der Erdkrustenkomponente, welche für die Meeresspiegelveränderungen verantwortlich sind, hat ebenfalls Aufschluss über allgemeine und spezifische Aussagen der Neotektonik gegeben. Die altbekannte Idee eines stabilen Kratons[1] hat sich drastisch geändert. Im Hinblick auf die Häufigkeit der Höchstwerte der Isostasie scheinen die starken Erdbeben sowie die seismo-tektonischen[2] Deformationen eher die Regel anstatt eine Ausnahme zu sein (Vgl. ebd., Seite 6).

---

[1] Ein Kraton bezeichnet den Kernbereich eines Kontinents, welcher grundsätzlich eine höhere Krustendicke besitzt.

[2] Die Seismo-Tektonik führt die Erdbebentätigkeit mit tektonischen Strukturen oder Bewegungen zusammen. Sie gehört dem Teilbereich der Geophysik an.

6.2.2 Die Eustasie

Zieht man die eustatische Komponente von der Skala des relativen Meeresspiegels ab, bleibt lediglich ein zwischen niedrigen Ausschlägen schwankender Graph. Verbindet man die Tiefpunkte der Skala miteinander, so erhält man zwei übereinanderliegende, exponentielle Graphen. Um die übergeordnete Funktion des Kattegat im Vergleich zu anderen eustatischen Kurven herauszustellen, muss der entsprechende Graph global und regional geprüft werden. Die Analyse muss demzufolge auf längerfristige und befristete Aufzeichnungen erweitert werden. Zu dem Zeitpunkt, an dem diese Analyse für den Kattegat positiv ausfiel, fand man heraus, dass ein Hauptbestandteil fehlte, welcher eine ungleiche Verteilung der Meeresoberfläche nach sich zog. Dieser Hauptbestandteil stellte sich später als die sogenannte Geoid[1]-Deformation heraus. Dieser Faktor zeigt ebenfalls, dass man nicht von einer globalen Eustasie sprechen kann (Vgl. Mörner 1991, Seite 7).

6.2.3 Die regionale Eustasie

Um einen Graphen der regionalen Eustasie zu erhalten, müssen alle vorhandenen Aufzeichnungen noch einmal geprüft werden. Diese Analysen zeigten, dass der Kattegat imstande ist, die vorhandenen Aufzeichnungen des Meeresspiegels anhand der geologischen Eigenschaften des vorliegenden Gebietes zu erklären. Zusammenhängend mit den archäologischen und historischen Aufzeichnungen aus dem Gebiet um Stockholm war es möglich, den Graphen das Kattegat zeitlich auf die letzten zwei Jahrtausende auszudehnen. So konnten zwei Höchstwerte, gefolgt von zwei lokalen Minima, die der Zeit des Mittelalters zuzuordnen sind, erfasst werden. Diese weisen eine außerordentliche Ähnlichkeit zu zwei klimatischen Rekorden, bestehend aus einer Warmzeit sowie zwei kürzeren Eiszeiten im 15. und 17. Jahrhundert, auf (Vgl. Mörner 1991, Seite 8).

6.2.4 Das Geoid

Anhand der Beobachtung Mörners, dass ein Hauptbestandteil in den Analysen der Meeresspiegeländerungen und ein erheblicher Fortschritt in der Geodäsie fehlte, wurde Mörner bewusst, dass der Geoid der fehlende Bestandteil war. Dass dies eine große Veränderung in der Meeresspiegelforschung hervorrief, wurde deutlich, indem die Globalität der Regionalität innerhalb der Forschungen weichen musste (Vgl. Mörner 1991, Seite 9).

---

[1] "Das Geoid charakterisiert die Äquipotentialfläche im Schwerefeld der Erde, welche den mittleren Meeresspiegel bestmöglich approximiert. Betrachtet man das Meerwasser als frei bewegliche Masse, welche nur der aus Gravitation und Zentrifugalkraft zusammengesetzten Schwerkraft unterworfen ist, so bildet sich die Oberfläche der Ozeane nach Erreichen des Gleichgewichtszustandes als Niveaufläche des Schwerepotentials aus." (Spektrum Akademischer Verlag, Heidelberg: http://www.spektrum.de/lexikon/geowissenschaften/geoid/5630)

6.3 „Die glaziale Isostasie und die langfristige Krustenbewegung in Fennoskandinavien unter dem Aspekt der lithosphärischen und asthenosphärischen Prozessen und Eigenschaften (1991)"

Die weichseleiszeitliche Abschmelzung des Eises in Fennoskandinavien[1] führte zu einer Krustendeformation, welche wir als glazial-isostatische Hebung bezeichnen, die an einer Stelle von Fennoskandinavien die maximale Hebung von 830 Metern erreicht und in ihrer unmittelbaren Umgebung von Absenkungen gekennzeichnet wird. Die Massenverschiebung fand in der schwach viskosen Astenosphäre statt (Vgl. Mörner 1991, Seite 13).

Der Grund für die permanente Zunahme der isostatischen Hebung hängt möglicherweise mit der Verschiebung Phasengrenzschicht und/ oder der Wiederanpassung in der schwach viskosen Zonen in der Lithosphäre zusammen. Die langfristigen Verschiebungen der Erdkruste repräsentieren die Deformationen derselben Gestaltung und Ausprägung sowie einen hohen Einfluss auf die Form der Lithosphäre. Die Erhebung von seismischen Daten (EGT-Profile von Mueller und Berthelsen, 1985), welche erstmalig bewiesen, dass es seismische Auffälligkeiten in unter der Erdkruste auftretenden Schichten vorkommen, liefern neue und unabhängige Daten aufgrund von Beobachtungen, welche im Zusammenhang mit den erhaltenen Bewegungen der Erdkruste stehen. Die Absenkung von großflächigen Teilen der Lithosphäre erklärt die Wiederholung derselben Gestaltung und Ausprägung der Deformation der Erdkruste. Die Erfassung der schwach viskosen Asthenosphäre bestätigt die Rückschlüsse auf den Bereich der isostatischen Hebung. Das Ausbleiben der Verformung der unteren Grenze der Asthenosphäre deutet an, dass die Senkung und Hebung vollkommen durch ein horizontales Fließen innerhalb der Asthenosphäre kompensiert werden konnte, was somit das Model der glazialen Isostastie und deren Verformung von Mörner bestätigt (Vgl. Mörner 1991, Seite 13).

Die Struktur und das Fließverhalten unterhalb des fennoskandinavischen Bereiches wurde von Mörner anhand von zwei unterschiedlichen Methoden interpretiert: Anhand der Aufzeichnungen von vertikalen Bewegungen der Erdkruste und deren Interpretation sowie der Interpretation der seismischen Aktivitäten des gesamten Untersuchungsbereiches. Diese Informationsquellen bestätigen einander und können als gegenseitige Bestätigungen angesehen werden. Dass die glaziale Senkung und Hebung infolge der Isostasie vollkommen von der Asthenosphäre kompensiert wurde, darf großer Bedeutung zugesprochen werden, da dieser Begebenheit der bisherigen Forschungen von Clark („Whole-globe loading compensation", 1980) und Peltier (1982) wiederspricht.

---

[1] Fennoskandinavien, auch als Fennoskandischer Schild oder Baltischer Schild bekannt, ist die Deklaration für die nordeuropäische Halbinsel, die aus Finnland und der skandinavischen Halbinsel sowie Karelien und Kola zusammensetzt.

Die allgemein bekannte strukturelle Schichtung sowie die rheologischen Eckdaten und Prozesse geben nun ein solides Bild von dem Phänomen der klassischen fennoskandinavischen Hebung (Vgl. Mörner 1991, Seite 22).

6.4 „ Die glaziale Isostasie: Regional – nicht global (2015)"

Die Belastung durch die kontinentalen Eiskappen der letzten Eiszeiten deformierte das Ausgangssubstrat. Die darauffolgende Entlastung durch das Abschmelzen des Eises führte zu einer Hebung der entsprechenden Bereiche. Diesen Prozess nennt man auch die glaziale Isostasie. Die meisten Deformationen konnten regional oder global kompensiert werden. Das fennoskandinavische Schild stellt ein Beispiel für eine regionale Kompensation dar. Durch die Unterstützung von „Global sea level data", deren Aufzeichnungen von der Universität in Hawaii und anderen ansässigen Institutionen veröffentlicht werden, konnte die vorhergehende Aussage bestätigt werden. Abzüglich der Korrekturen der GIA (Gemological Institute of America) konnten Anzeichen für verschiedene Meeresspiegel in Zusammenhang mit dem derzeitigen globalen Meeresspiegelanstieg, von 0.0 Millimeter auf 1.0 Millimeter im Jahr, gebracht werden (Vgl. Mörner 2015, Seite 577).

Die Art und Weise der isostatischen Deformation Fennoskandinaviens weist darauf hin, dass ebendiese mithilfe einer horizontalen Massenausgleich im schwach viskosen Bereich stattfand. Dies impliziert eine glazial-isostatische Deformierung, die ein einem regional kompensiert werden konnte. Dies lässt keinen Zweifel daran, dass kein globaler, sondern lediglich ein regionaler Massenausgleich der glazialen Isostasie vorliegt (Vgl. Mörner 2015, Seite 577 f.).

Die höchsten Meeresspiegel in Schweden sind von zwei verschiedenen Komponenten abhängig: Die glazial-isostatischen Krustenbewegungen und die eustatischen Meeresspiegelschwankungen. Die glazial-isostatischen Krustenbewegungen geben Aufschluss über rheologische und neotektonische[1] Parameter. Die eustatische Komponente erlaubt Aussagen über die globalen Konzepte der Euastasie, die Geoid-Theorie sowie die Prognosen des Meeresspiegelanstiegs. Die rheologischen Daten außerhalb von Nord-West-Europa stimmen mit der Präsenz der schwach viskosen Schicht überein und falsifizieren die Annahme, dass ein lineares und zähflüssiges Profil vorliegt, welches notwendig für einen globalen Transfer der glazial-isostatischen Ausgleich wäre. Somit kann die Theorie eines globalen, isostatischen Ausgleichmodells fallen gelassen werden - zugunsten des regional-isostatischen Modells.

---

[1] Die Neotektonik ist der Geowissenschaften zuzuordnen und erforscht innerhalb der Geologie die jüngsten Deformationsstrukturen und Deformationsprozesse, die zeitlich zwischen dem Ende des Tertiärs und der ersten Hälfte des Quartärs zuzuordnen sind.

Zudem beziehen sich die Daten des global-isostatischen Modells lediglich auf den Vergleich von Prognosen des GIA (Gemological Institute of America) sowie den aktuellen Aufzeichnungen der Tidepegel, die bemerkenswerterweise nur geringe Zusammenhänge aufweisen (Vgl. Mörner 2015, Seite 587).

Literatur

BAUMHAUER, Roland; Winkler, Stefan (2014): Glazialgeomorphologie – Formung der Landoberfläche durch Gletscher. Studienbücher der Geographie. Stuttgart: Borntraeger Verlagsbuchhandlung.

BENETT, Matthew R.; Glasser, Neil F. (1996): Gacial Geology. Ice Sheets and Landforms. Hoboken: John Wiley & Sons.

FRAEDRICH, Wolfgang (1996): Spuren der Eiszeit. Landschaftsformen in Europa. Berlin/ Heidelberg: Springer Verlag.

GEBHARDT, Hans; Glaser, Rüdiger; Radtke, Ulrich; Reuber, Paul (2011): Geographie. Physische Geographie und Humangeographie. 2. Auflage. Heidelberg: Spektrum Verlag.

MÖRNER, Nils-Axel (1990): Glacial isostasy and long-term crustal movements in Fennoscandia with respect to lithospheric and asthenospheric processes and properties. In: R. Freeman; St Mueller (Hg.) (1990): The European Geotraverse, Teil 6. Tectomophysics. Amsterdam: Elsevier Science Publishers B.V. Seite 13-24.

MÖRNER, Nils-Axel (1991): The Kattegatt Sea – A test area for regiobal Eustasy, Isostasy and Ocean Circulation. In: Mörner, Nils Axel (1991): Paleogeophysics & Geodynamics. Stockholm: o. Verlag. Seiten 106 ff.

MÖRNER, Nils-Axel (1995): The Baltic Ice Lake-Yoldia Sea transition. In: Quaternary International. Vol. 27, January, 1995. Wuhan: Scientific Research Publishing Inc. Seite 65-98.

MÖRNER, Nils-Axel (2015): Glacial Isostasy: Regional – Not Global. In: International Journal of Geosciences (2015). June. Wuhan: International Journal of Geosciences Seite 577-592.

WEIßER, Ulfried (2012): Die Klimakatastrophe – ein Fehlalarm? Die kritischen Stimmen mehren sich. Hamburg: Diplomica Verlag GmbH.

ZEPP, Harald (2014): Geomorphologie. 6. Auflage. Paderborn: Schöningh.

Quellen

Kattegat:

https://s-media-cache-ak0.pinimg.com/564x/6f/f0/d2/6ff0d2dc2cfb2a02e9b9f0c0fea2caab.jpg

Abbildungsverzeichnis